欧洲旧藏中国家具实例

CHINESE FURNITURE

A Series of Examples from Collections in Europe

中国家具经典图书辑丛

欧洲旧藏中国家具实例

莫里斯·杜邦

故 宫 出 版 社

CHINESISCHE MÖBEL

ZWEITE REIHE

Mit 54 Lichtdrucktafeln herausgegeben
von

MAURICE DUPONT

VERLAG JULIUS HOFFMANN
STUTTGART MCMXXVI

出版前言

20世纪20年代，相继有两本《中国家具》在欧洲出版，是极难得的有关中国家具的早期图册。

第一本《中国家具》收录法国旧藏中国家具59件，图版相同，却分别有奥迪隆·罗什著文版与赫伯特·塞斯辛基著文版，前者为法文版，约出版于1922年，曾译为德文版出版；后者为英文版，出版于1922年，现已依据该本，翻译并易名为《法国旧藏中国家具实例》出版。

第二本《中国家具》出版于1926年，莫里斯·杜邦编著，有法文、德文两种版本，本书即据德文版翻译而成，因所录家具原为欧洲各地所藏，故更名为《欧洲旧藏中国家具实例》。

《欧洲旧藏中国家具实例》一书收录的家具，与《法国旧藏中国家具实例》相比，家具风格仍然与之一致，以漆家具为主，唯收录一件黄花梨交椅。但本书所录有不少成堂成套者，实为难得，更有一些明清宫廷风格家具，弥足珍贵。当然，也有一些民俗趣味的家具，倒可一窥古代富贵百姓家的生活。编者莫里斯·杜邦先生为法国学者，为本书所作引言，辞藻妍美，从美学和哲学层面上对中国家具乃至文化进行审视，也述及了中国漆的伟大成就。该文或有晦涩，翻译时尽量遵照原意。

本书的版式，是依照《法国旧藏中国家具实例》一书排版，调动较多。原书中有关家具的描述及断代，根据原文翻译，并未做任何修改。但提醒读者的是，如同赫伯特·塞斯辛基先生所言，“在部分欧洲权威观点中，对中国家具断代有偏早的趋势”，尤其是本书定为明代的家具，部分实际为清代制品，甚至晚到清代中期。

此次出版，增加了附录，为译自奥迪隆·罗什著文版《中国家具》的法文引言，奥迪隆·罗什先生富于收藏，对中国工艺美术有独到见解，可为本书之补充。

目　录

引　言

如果说，一种文明的精粹总是表现为，可以从日常生活持续不断的纷扰现象中遴选出一个民族或者国家真实而持久的形象，能够确立下历经时代沧桑变幻的考验而绵延不绝的那些形式，且带有完整生命气息的不朽灵魂的印记，那么这样的文明当然非中国文明莫属。无需精确的学术探究我们就知道，中国文明历经多少个世纪的风风雨雨，始终在认真地执行着她的某个义务，这种义务并不是随处可见，通常我们只能期待和盼望在同时给人们做出宝贵指南的辉煌传统那里与她相遇。

可惜的是，在我们心中展现出如此完美实例的指南，却极可能得不到足够的关注。如是，那出于更好地了解这一指南的目的，而对该指南的基本思想作细微的分析也很可能是多余之举。因此，简化这份分析工作并使之富有成效，这就是我们今天向公众推出这本新的中国家具图片集的用意。如果在这样一个秩序井然的文明里，滋润着一个民族的精神生活和感情生活最广远地区的汁液确实也渗透进了艺术的最狭小的领域，那么每一位读者在翻阅眼前这些图片的时候就一定会发现一种东西能有助于使他更趋近于中国灵魂——旷古以来就生气勃勃地立足于其强有力的、令人肃然起敬的根性的灵魂。

不管我们愿不愿意都必须承认：有那么一种象征主义，它依托于诸般艺术形式，也依托于心灵的种种情致，以我们内心活动为题旨的图片作品，将这些心灵的情致清楚明白地呈现在日常现实的画面上。因为纯抽象和非感性的东西在艺术那里是没有容身之地的，而且历史上曾经有过艺术贫乏的时代和碌碌无为的艺术流派，他们的不幸就恰恰在于千方百计地作这种毫无希望的冒失尝试。

现在就让我们沉潜于艺术规则中，沉潜于朴素的、纯粹的线条中，沉潜于为这些线条所环绕的空间，在四周高明的外围界线中，让中国艺术里的象征主义精华引导着我们去领略空间和平面的彼此分割，这种分割是完全自然的，融贯了精神意义，绝非个人意气力所能逮。由此我们对社会的、道德的、审美的、政治的、民族的认同感之中所包含的崇高价值的理解就可以得到启示。个人感觉的表达虽然五光十色，多姿多彩，但往往偏离规则，不十分可靠，因此在这里，这样的表达就必须让位给那些非个人的、隐姓埋名的理性表达。而理性往往以其冷静和强大的力量藐视一切不必要的涡卷形装饰，于是艺术便能够得以维护自身，特别是免得触觉陷于瘫痪，也免得自己投身于那些虚弱无力、毫无效用的手段。

这项事业并非未受关注，我们今天把注意力重新集中于此也是值得的。中国的艺术是一门贵族艺术，我们总是把这种艺术和一种充满理性且精致到罕见的文明联系在一起。要发展这门艺术，不受干扰地施展这门艺术，并不需要受到上帝眷顾的安宁，也不需要免除了一切危险的和平时代。地方割据，混战频仍，门户势力因为只知道沉湎于派系斗争和骄奢淫逸的生活享受而一直饱受诟病，然而对于艺术家而言，战乱反倒成为了活跃他们创作的催化剂。不过这些贵族阶层也知道要在千百年之后的历史上留下体面的业绩以光耀门楣，所以他们也会在古老的传统中找出一种经典的标准，用这种标准他们可以始终通过一种使人愉悦的方式确定下符合他们需求的文化以及他们的趣味方向。

早在绘画、雕塑和其他审美艺术之前，家具艺术就实实在在地成为了这种严整而宏伟、同时又是非个人的、包罗一切力量的受益者和施予者，因为家具艺术特别适用于展示华贵，而且任何时候都可以在其框架上作精心修饰。家具艺术以其外形为鲜明特色，这种外形往往又与其力量相称，并能无声地表达这种力量，而它所能达到的合成效果非摈弃了一切细枝末节的整体莫办。

为了对抗时代和品味方向的变换，必须要保持一种严谨、庄重、冷静的知解力，使之从容地活动于静态法则和平衡规则的影响之下，这是事情的一个方面。另一方面，要像争取做出亲切可爱的、吸引人的幸福微笑一样，努力寻找适用于一切场合的委婉表达形式来遮蔽粗陋，它就存在于作为添饰，嵌入了木块和宽广漆面的丰富思想中。

这就是中国的家具艺术，其中存在着两极，美轮美奂的装饰效果在这两极之间会合。究其根源，中国式艺术天分的强大逻辑得益于源远流长的民族性格和教养文明，其艺术才能的施展显出高度的自由、自主且自然，不带任何的牵强色彩，毫不矫揉造作，狭隘的、纯粹人为摆弄的艺术伎俩与之根本无缘，这种自然焕发出的艺术效果保证了精神和手段不会脱离忠诚和敬畏，也不会脱离历经多个世纪千锤百炼传承至今的教化。

中国家具的历史有待于从头开始完整地书写。就我们所知，在很古远的时代就出现了成规模的奢华家具，取材于金、银、美玉、贝壳、宝石的饰物应有尽有。此外我们还知道，在那些近似于传说般神奇的朝代，宫廷里已有专门从事木器加工和造型的工匠了。然而，诸多方面考察，最有趣的问题莫过于：本来习惯了席地而坐的中国人，从何时起，出于何种原因，又是出于何种影响导致他们开始使用椅、圈椅以及其他类似家具，由此放弃了一直沿用的矮几案，代之以高型桌案。遗憾的是，我们现在既缺少对此作出说明的必要文字记录，而有限的文字记录又都是语焉不详。《周礼》上记录过精细木工的有关事迹，当时这类工匠被称作梓人（tse-jin）。书中还记载了相应于不同的时间对木器适当的加工处理知识，比如如何烘烤将其弯曲成恰当的形状，如何将其浸泡在水中，如何断截劈削，如何操作圆规、角尺、铅垂线，甚至于如何为各个家具组成部分精心配选木料。这份文献资料还向我们说明，工人们使用胶料也是多种多样，分别取材于鹿皮、马皮、犀牛皮以及鱼皮，他们还有非常高明的手段能够防止涂上胶料的平面受污或变得粗糙不平。此外我们还知道，早在油漆技术达到完美之前，皇家的精工木匠就已经懂得了使用清漆，晚明时期（公元17世纪）以及稍后时期的美观家具就证明了这一点。我们甚至还知道，远古时代的中国人明显地偏好明亮、透光度高的油漆，中国家具编年史不妨以此作为划分时代的一个颇有价值的提示。

对我们西方人而言，最有兴味的事情莫过于：回顾研究中国艺术灵感的动力来源，中国人即使是对于现成作品的仿作也显得独具特色，而且总是能够推出更为丰富的装饰布置，我们从康熙和乾隆这两个光辉的经典时代只是随意挑选出的家具就已经能充分证明这一点。

从这个视角我们来考察一下四方矮桌（ngan）系列，这种桌案是给诸侯贵族使用的，配以盛放枣子和栗子的小篮。在一些庄重场合，比如郊射、冠礼仪式上使用的桌案（fang），这些桌案上摆放了盛有甜酒或新酿的酒的各种陶制容器，以及用于祭祀的大块牲畜肉。让我们再来看看那些增高的供桌（tien），或为木质，或为陶土上釉，人们或将空酒杯倒置其上，或摆放写着达官贵人姓名的玉牌。这些新奇却别具情趣的形式和应用，皆源自事物富有逻辑且单纯的本质，我们的家具艺术和装饰艺术难道无法从中获得启迪吗？

这样的评论同样可以转用到带有支架的食物柜架（Ko）上去，我们在观看它们时将不无惊叹，它们连同上面陈放的食品既是诸侯与高官显贵的专用之物，也属于天子的御用之物，根据当时的礼仪，诸侯或重臣可拥有十件食物柜架。寻常的官僚只允许享用陶土制的加高祭祀桌（tien）和橱柜。后者用来陈放盛装礼服以及日用服装，按照规章，箱柜必须安放在几（Ki）案旁边，几案水平方向纤长的线条以及宽大和谐的矩形表面体现了所有的装饰价值。

能给我们的装饰艺术家带来最富成果的创意动力，并且从更进一步的思考中能给他们带来意想不到的收获的，却是对一种整体布局精神的研究和深入沉潜，该布局构建出了一种象征含义，一种由秩序体系合法化的、权力的、有意义的结合，具体的表现就是皇帝的御座，御座后面矗立着一面五扇屏风，仿佛是一堵保护墙。

毫无疑问，我们已经来到了一座高峰前面，对于那些在肉眼目力所及之外的东西也能有所发现的人来说，我们来到了某个神圣、庄严，充满了神秘功能的东西面前：当然是一件卓越的杰作，这件作品的物理存在与它本身的服务对象的秩序和谐地融合在一起。或许，在那个谛听着宇宙元素的内在平衡的节奏面前，在一个小宇宙（译者注：即人）面前，在一个永恒的宏观宇宙的镜像面前，我们确实在感受着该作品的秩序，感受着人类无可置疑的它的力量……而这一切，距离我们枯萎的思想世界，距离我们为满足个人虚荣的贫乏追求又是何等遥远！

然而……我们的艺术家以皇家艺术为蓝本，可能真能够创作出宏大、有力和不朽的作品出来。我们是多么愿意带着满腔热情全身心地去追随他们，不管他们打算将我们领向何处！

可惜，皇帝的御座消失了，坠落了，对它的思忆磨灭了。不过那扇屏风还在，在它摆脱了皇家觐见仪式的强制力量之后，反而挺立得更加伟岸。它的上面不见了黑暗的斧纹装饰，不见了统治暴力的符号，也不见了专属皇家的黄金颜色。现在，它上面开始安装小小的门洞和窗龛，并且在宽敞的大厅里跟充满居家灵氛的僻静角落划清界限。不管怎么说它防备着忘记自己高贵的出身，它永远不能遗弃这高贵的血统。它修长、伟岸，哪怕有时为遵循设计的规定而不得不略微放低身段，它也依然保留着自己高贵的印记。艺术家们陶醉于它美观光滑的外表，用价值连城的红色和黑色的漆工艺馈赠它；它或明或暗，然而所着色彩总是无可挑剔得完美。它有着一个反照的生命，一个光明透彻的灵魂，在居室小暗房的朦胧光照下，它只散发出一缕黯淡的幽光。对这装饰的美妙幻想正生意盎然地浮现在这神秘的、闪动着的光照背后，虽然它喑哑无声，虽然它一动不动，却能使人勾连起对一个童话王国的想象，诸神、人类、动物、植物、山川都被拉拉杂杂地投放进了这个世界。一个天才的创意，虽然在其创生阶段显得几乎一片迷乱，然而却总是能够处处释放出秩序和安宁的气息。

中国的艺术从意味着福祉和长寿的文字中，创发出了一种装饰母题，中国人显然非常乐于将该母题应用于其艺术作品中。显然地，这样的处理并非没有根据，因为这样的装饰就是一种象征，这象征是一种绵延不绝的象征，被压缩在一个必然是现成的、严格规定的框架中，在此框架之下，中国家具以惊人的规模向我们提供了相应的画面；这个象征又是一种欢乐的象征，这种欢乐一心要把自己从严酷和不可避免的强制力量中拯救出来，进入一个豪华装饰的狂欢世界中，进入一个自然天性的呈现状态中，在此状态下，最奔放、最不受拘束的幻想可以满把满把地打捞非现实和梦幻……这些可以帮助我们深入地洞见事物最内在的绝对真理。

图　　版

图版 1

柜，刻纹漆，彩绘，明代或康熙初期

米夏尔·卡尔曼（Mich. Calmann）藏

图版 2

柜（图版 1）的局部

图版 3

柜，刻纹漆，彩绘，与前一件成对，明代或康熙初期
米夏尔·卡尔曼藏

图版 4

柜（图版 3）的局部

图版 5

橱，褐漆，彩绘描金，工艺极尽华贵，明代

米夏尔·卡尔曼藏

图版 6

橱，褐漆，彩绘描金，工艺极尽华贵，与前一件成对，明代
米夏尔·卡尔曼藏

图版 7

橱，刻纹皮色漆，彩绘描金木框，明代

孔德森·罗曼德（Kumdsen-Romand）藏

图版 8

橱，褐漆，镶嵌象牙（编者注：应为螺钿），**明代**
布隆多（Blondeau）藏

图版 9

橱，红漆描金，康熙时期，17 世纪

中国－印度研究会（Chinesisch-Indischen Gesellschaft）藏

图版 10

橱，所谓的“科罗曼丹”漆，康熙时期，17 世纪

朗维尔（Langwell）藏

图版 11

橱柜，嵌螺钿，明代，16 世纪

中国－印度研究会藏

图版 12

橱柜，黑漆描金，明万历时期

中国－印度研究会藏

图版 13

柜格，刻纹皮色漆，彩绘，明代

孔德森·罗曼德藏

图版 14

橱，甘菊色漆，彩绘，康熙时期

拉卡德（Larcade）藏

图版 15

柜架，刻纹漆，彩绘，康熙时期

拉卡德藏

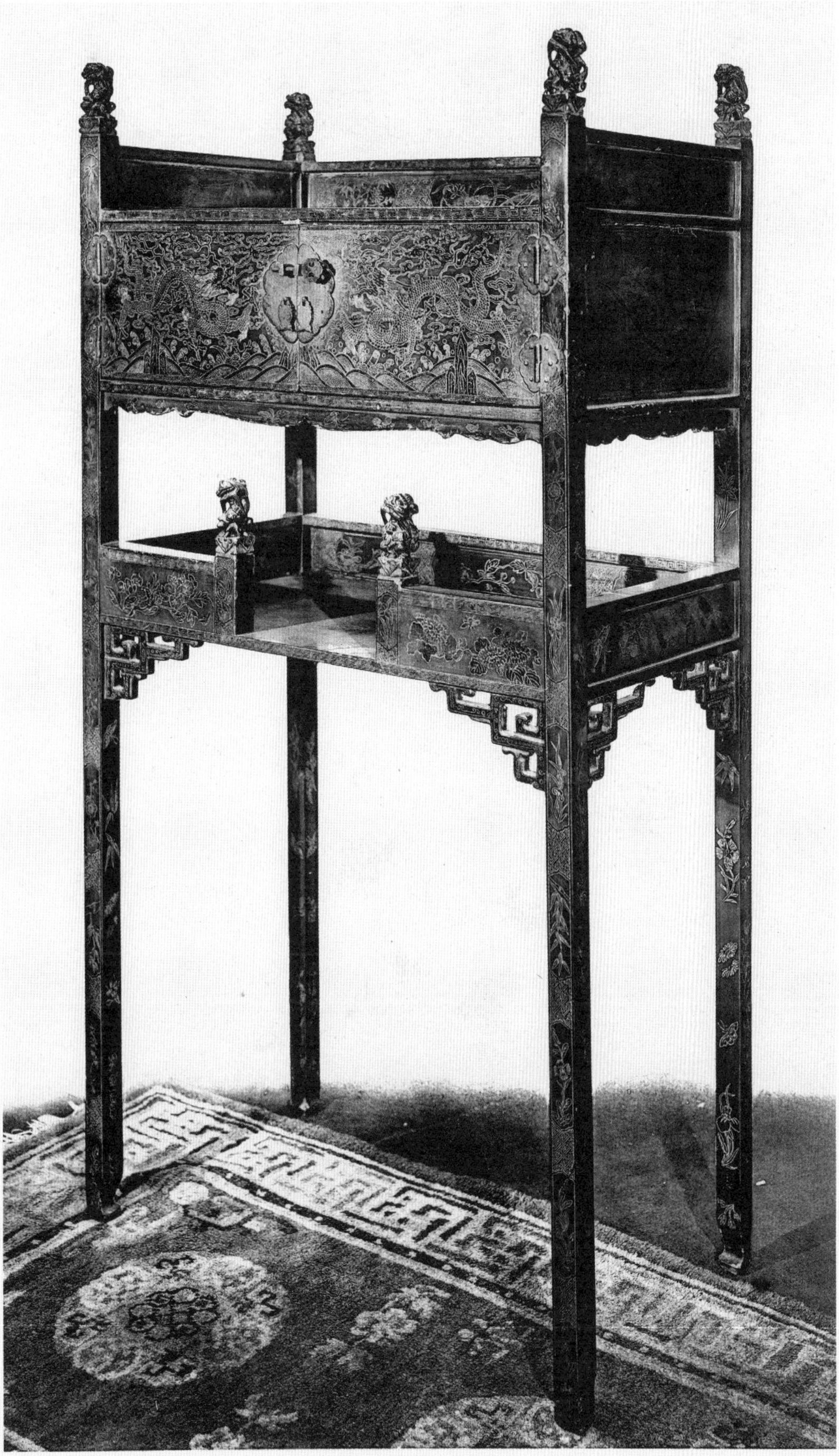

图版 16

案，皮色漆，龙纹，明代

米雄（Michon）藏

图版 17

供桌，红漆描金，明代
米雄藏

图版 18

供桌，黑漆彩绘，明代，17 世纪

中国－印度研究会藏

图版 19

桌，刻纹皮色漆，彩绘，明代晚期

拉卡德藏

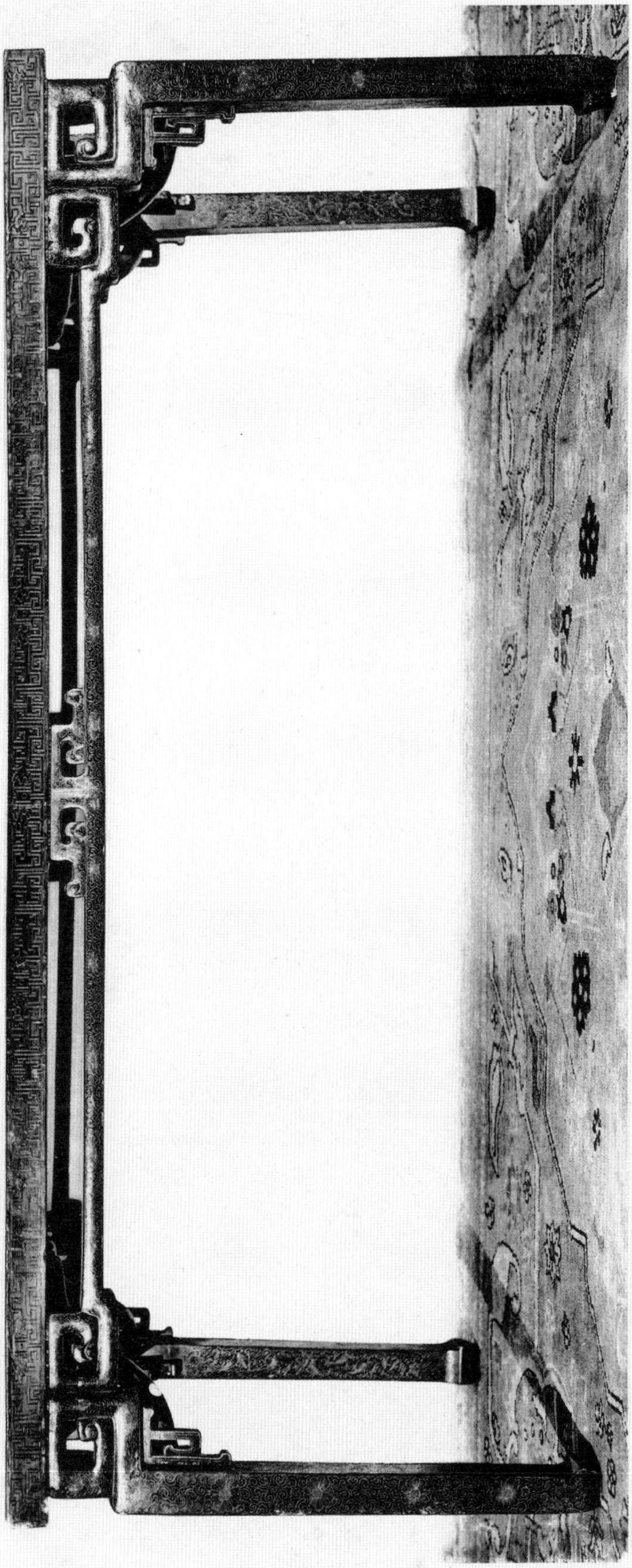

图版 20

桌，刻纹褐漆，彩绘，康熙时期

布隆多藏

(1) **桌（ngan），刻纹皮色漆，彩绘，康熙时期**

米雄藏

(2) **高桌，刻纹漆，彩绘，康熙时期**

中国－印度研究会藏

图版 22

桌，黑漆描金，乾隆时期，18 世纪

孔德森·罗曼德藏

图版 23

大桌，乾隆时期

菲利普·贝尔托特（Philippe Berthelot）藏

图版 24

几，黑漆描金，乾隆时期，18 世纪

米雄藏

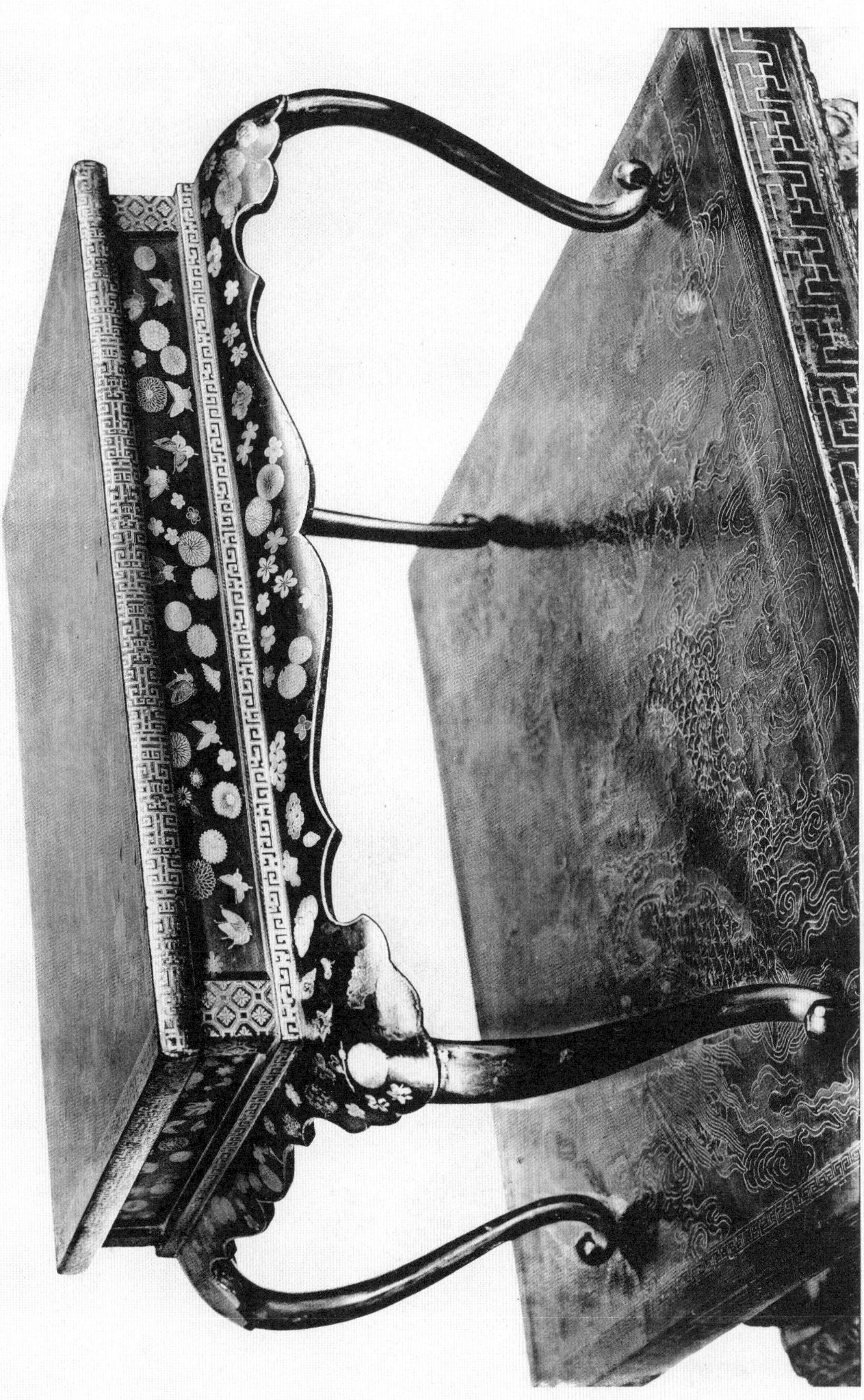

图版 25

(1) **案（fang），黄漆描金，乾隆时期**

拉卡德藏

(2) **高桌，金漆，乾隆时期**

米雄藏

图版 26

(1) **几，髹漆，嵌螺钿，明代**
吉美博物馆藏

(2) **香几，雕刻，黑漆描金，明代**
米雄藏

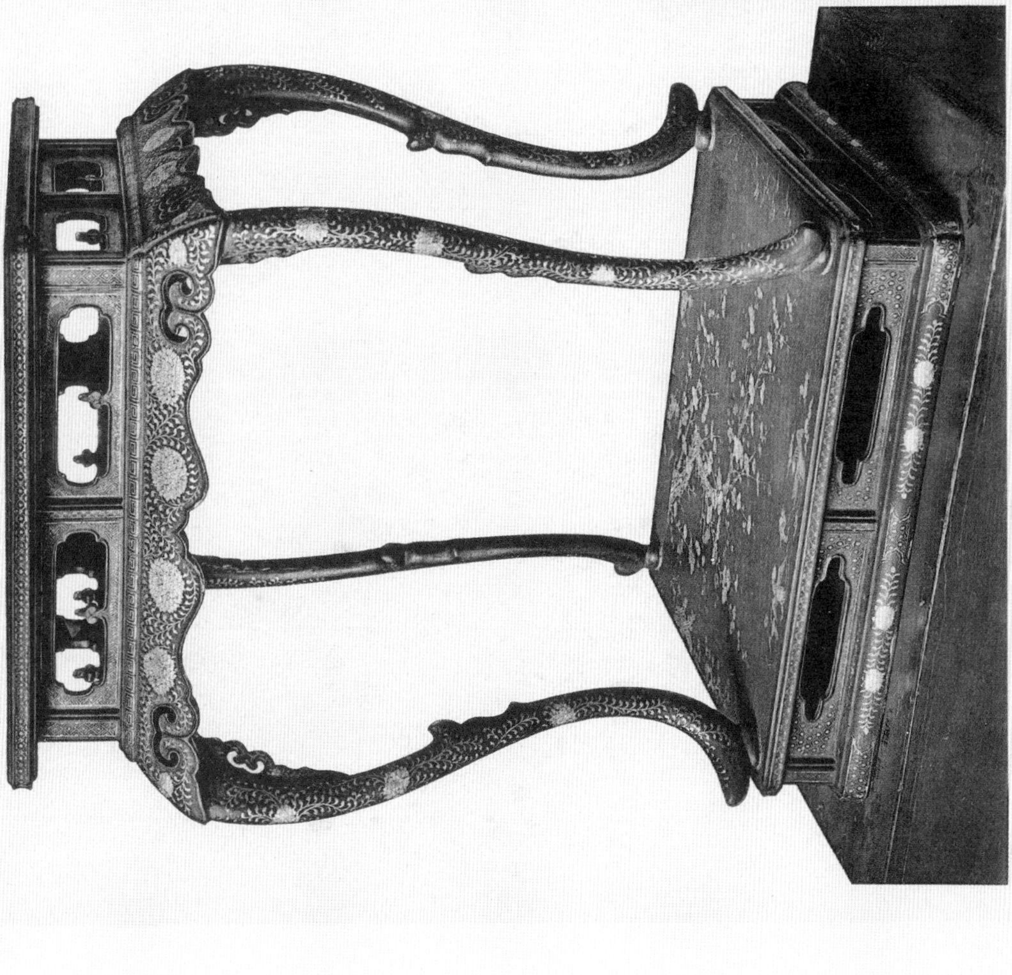

图版 27

桌、椅、凳，黑漆，嵌螺钿，18 世纪

中国 – 印度研究会藏

图版 28

扶手椅，刻纹漆，彩绘，花鸟纹，17 世纪初期

米雄藏

图版 29

(1) **扶手椅，刻纹皮色漆，彩绘，17 世纪**
米雄藏

(2) **圈椅，刻纹皮色漆，彩绘，康熙晚期**
拉卡德藏

图版 30

折叠椅，未上漆，有鋄银配件，乾隆时期

拉卡德藏

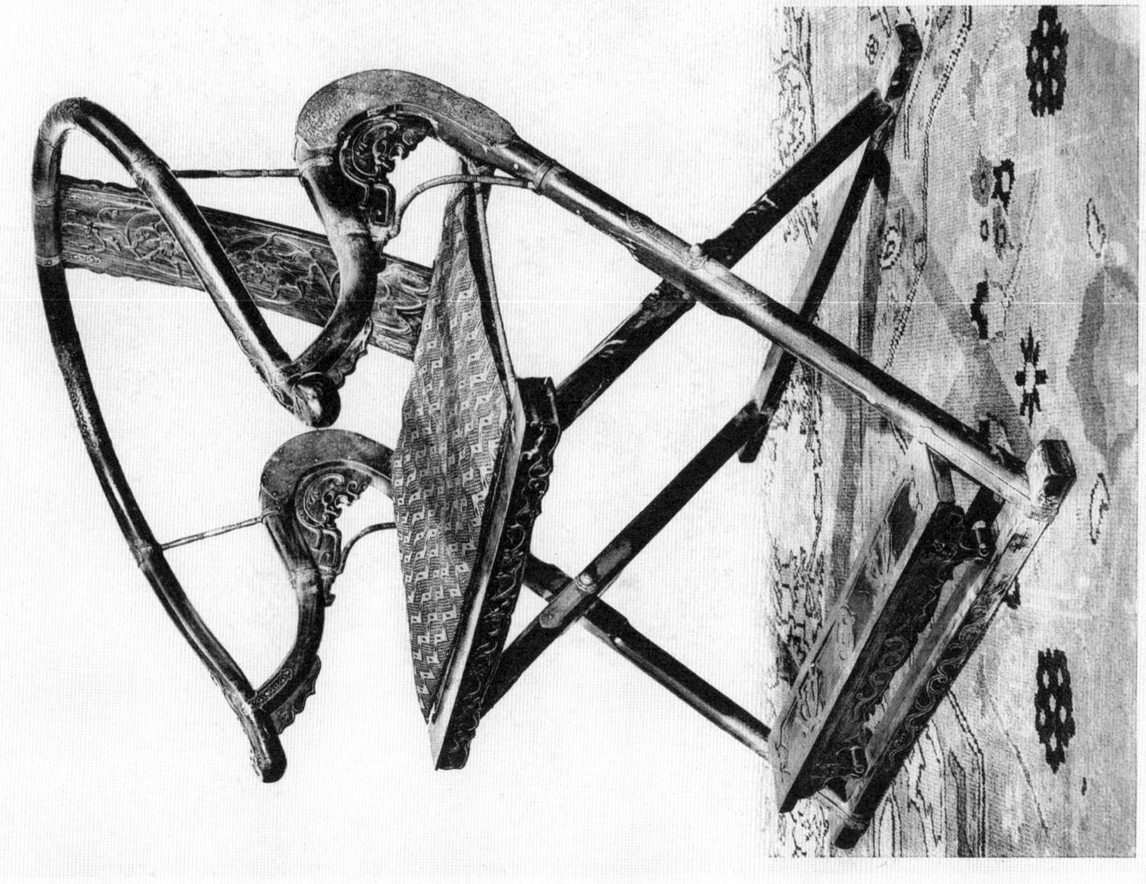

图版 31

御座，镂空雕刻，黑漆描红漆、褐漆，17 世纪

维多利亚及阿尔伯特博物馆藏

图版 32

宝座，乾隆皇帝给子爵（Tsi）的御赐品，
按通例，受此恩赐的达官显要，
只有在皇帝到访时才能用此宝座。
乾隆时期

菲利普·贝尔托特藏

图版 33

宝座，髹漆，刻有丰富的象征主题（吉祥、忠诚）。
在中国人所喜用的红色主调下施多重色彩，出自紫禁城。
18 世纪中期
维多利亚及阿尔伯特博物馆藏

图版 34

围屏，乾隆皇帝御用，出自紫禁城。

菲利普·贝尔托特藏

图版 35

围屏，所谓的“科罗曼丹”漆，明代初期，14 世纪
拉卡德藏

图版 36

宝座，红漆描金，配有围屏，庙堂用具，明代

中国－印度研究会藏

图版 37

座屏，褐漆，彩绘，明代

米雄藏

图版 38

床，雕刻，髹漆，内容为中国人日常生活场景，18 世纪

维多利亚及阿尔伯特博物馆藏

图版 39

床，雕刻，髹漆，内容为中国人日常生活场景，18 世纪

巴塞尔历史博物馆藏

图版 40

床，雕刻，髹漆，内容为中国人日常生活场景，18 世纪

中国－印度研究会藏

图版 41

床，雕刻，髹漆，内容为中国人日常生活场景

安特卫普“老肉铺”（Vieille Boucherie）博物馆藏

图版 42

床（图版 41）的局部图

安特卫普“老肉铺”博物馆藏

图版 43

(1) 屏风，所谓的“科罗曼丹”漆，金漆彩绘，明代，15 世纪

拉卡德藏

(2) 小靠背椅，髹漆，明代

米雄藏

(3) 小桌和小凳，髹漆，明代

拉卡德藏

图版 44

屏风，所谓的“科罗曼丹”漆，黑漆彩绘，绘有图案，注有日期。
附说明：为一老妪而作，表彰其子为官刚直秉正。
其修饰图案意为吉祥、长寿。
康熙时期，17 世纪

朗维尔藏

图版 45

屏风的另一部分

图版 46

屏风的另一部分

图版 47

屏风，所谓的“科罗曼丹”漆，彩绘，乾隆时期

维多利亚及阿尔伯特博物馆藏

图版 48

屏风的另一部分

图版 49

屏风的另一部分

图版 50

屏风，所谓的“科罗曼丹”漆，金漆彩绘。
上部绘反映中国的十二景，
屏风背面所绘为首批荷兰人踏上中国土地情景。
康熙时期
朗维尔藏

图版 51

屏风的另一部分

图版 52

屏风的另一部分

图版 53

小屏风，所谓的“科罗曼丹”漆。
主题：到达中国的首批荷兰人。
18 世纪
中国 – 印度研究会藏

图版 54

屏风的另一部分

附 录

中国的家具

奥迪隆·罗什

同日本艺术一样，长久以来，欧洲仅仅是通过小工艺品认识中国艺术：玉器、水晶制品、象牙雕刻、漆盒、锈迹斑斑的青铜小件、景泰蓝，特别是彩釉瓷器。这些近几个世纪的作品，小巧玲珑却不乏魅力，在商人和收藏家的眼中，它们概括了中国艺术创作的全部。

直至今日，中国艺术漫长的过去和卓越的发展过程才一点一点被我们逐渐认识。在自今往前重新构建其艺术历史的过程中，我们相继发现了青铜器、出现在彩陶之前的简约质朴的陶器、4世纪～16世纪间不断绽放光彩的主流画派的作品、魏朝和唐朝的巨大石雕。我们惊喜地发现，在令收藏者长久津津乐道于贵重、精巧和矫饰的中国艺术之时，还存在着一种截然不同的中国艺术，其最突出的特点便是简约、庄重和高雅。

中国家具便是我们的最新发现。中国的漆制屏风也许很早便登上了欧洲大陆，却习惯性地被称为“科罗曼丹屏风”[1]，这一传统且荒诞的称谓使得这些精美作品的起源变得扑朔迷离，十分神秘。只是在最近十年，巴黎的收藏家才认识到中国实用家具的价值，并逐渐汇集了最为经典的代表作品。在本书中，我们将第一次把它们汇集一起，呈现在读者眼前。

床榻、圈椅、桌案和柜橱，即使与装饰奢华的多扇屏风相比，这些家具也毫不逊色。它们共同的特点便是极致朴实，通常，既无任何淡化家具清晰棱角或过分显现凸起部分的雕饰，又无任何阻断家具连贯表面的孔槽。尤其没有日本细木工匠所热衷追求的那些精巧对称的装饰细节，也因而避免了破坏家具立体空间上的平衡和稳固。这些立方体的中国家具，虽然显得粗短而敦实，却在空间的三个维度中都投射出同等的气势和活力。

让我们特别关注一下中国家具中的桌案和橱柜。桌案一般由狭长的矩形平台构成，以截面为正方形的四脚做支撑，上部呈现粗线条的弯曲，有时看上去酷似结实的涡形脚桌[2]。而橱柜则只是简单的立箱，

1 译者注：这些中国制造的外销屏风由于常常在印度东北的科罗曼丹地区上岸，因此得名“科罗曼丹屏风”。

2 译者注：此处的涡形脚桌是18世纪用于装饰，半边靠墙的一种法式家具，也可译作“托架”。

由两扇门扉关闭，鲜有变化的样式。橱柜内部或空，或由板壁隔断。两扇门扉有时不会直接相连，而是合靠在中立柱上。有些橱柜的底部带有一个硕大的抽屉。最为壮观的衣橱不过是顶上再放置另一个高度不大但等宽等深的立箱，同样由两扇门扉关闭，仅此而已。而我们中世纪的家具却从未展现出如此这般充满趣味的乡土特色。

然而，在中国家具中，与形式简约相结合的却是丰富的材料和华丽的装饰。中国家具很少采用未经处理的原木。为了使木料能够抵御恶劣天气的侵蚀，尤其出于防潮的目的，中国的细木工匠几乎总是会为家具髹以黑色、红色或浅黄褐色的漆。这种本身就令人赏心悦目的漆料因其光泽，可任凭画匠随意创作，又由其可塑性，能令雕刻家或镶嵌工大展身手，同时使各路工匠的创作成果得到永久的保存。于是乎，家具便呈现出多种多样的装饰：简约的线条装饰，经由雕刻或描绘而成，在透明漆上釉的保护下清晰可见；凸起装饰，由金属粉末及经研磨的染色物质混合而成，覆以多层漆面，再经精心的抛光打磨显现出来；镶嵌装饰则熠熠生辉，使用了最为闪亮的材料如铅、锡、金、银、珍珠、琥珀、象牙以及珊瑚。有时甚至并不进行任何修饰，光滑的表面因其浓郁的暖色调和深邃的光泽透射出家具所有的魅力。

更值得一提的是装饰与家具本身的完美契合，绝妙地顺应了家具的轮廓和形状，完全符合家具的用途和特质。桌案通常简约内敛，即使配以复杂的装饰，也绝不会将桌体宽大的平台表面进行分隔。对于橱柜而言，装饰则自如地展现在可以活动的部分，如用以关闭的门扉或是抽屉的前部，而支柱和整个家具的固定构架却不加装饰或仅配以低调的修饰。相反，在屏风这种纯粹以装饰为用途的家具上，装潢却得到了极致的呈现。屏风正面，六、八或十二扇的屏扇为巨大且连续的主题所占据，人物故事、山水风景、花鸟等图案的描绘，突显在富有光泽的背景之上。屏风背面的装饰常常被分隔成一系列长方、椭圆或扇形的小面板。丰富的边饰重复着象征中国元素的多种图案：吉祥的文字、神秘的八卦图、琴棋书画四种技艺所需用具、道教和佛教的祭品、四季花卉及象征长寿的植物。在最为出色的作品中，屏风整体构成了光彩四溢的色彩仙境，美不胜收。

如果可以的话，我们希望这本家具汇编不仅只是吸引业余爱好者。以四脚为支撑的桌案，绝非是向平衡原理和重力法则提出的大胆挑战；橱柜只是橱柜，不会与搁物架、碗橱或书柜混为一谈，总而言之，家具只是家具，仅此而已。在我们看来，这是一个伟大且惊人的创新之举。一件家具，在严格地遵循了指定用途的同时，可以展现构成其真正美感的元素，而样式的实用简约又可以与材料和装饰的奢华实现完美的协调统一，这便是中国的能工巧匠所传授给我们的。从这点上来看，在此汇集的中国家具的典型作品，为我们的细木工匠所提供的，即使不是可以仿照的家具样式，至少也是值得思索的课程，学习的榜样。

图书在版编目（CIP）数据

欧洲旧藏中国家具实例 /（法）杜邦编著．－北京：故宫出版社，2013.7

（中国家具经典图书辑丛）

ISBN 978-7-5134-0357-3

Ⅰ．①欧… Ⅱ．①杜… Ⅲ．①家具－中国－古代－图集 Ⅳ．① TS666.202－64

中国版本图书馆 CIP 数据核字（2012）第 308781 号

责任编辑：张志辉

德文翻译：吴勇立

法文翻译：谈 佳

装帧设计：王 梓

出版发行：故宫出版社

地址：北京东城区景山前街4号 邮编：100009

电话：010-85007808 010-85007816 传真：010-65129479

网址：www.culturefc.cn

邮箱：ggcb@culturefc.cn

制版印刷：北京圣彩虹制版印刷技术有限公司

开 本：635×965毫米 1/8

印 张：30

版 次：2013年7月第1版

2013年7月第1次印刷

书 号：978-7-5134-0357-3

定 价：460.00元